院士给孩子的地球生命课

生命的起源

SHENGMING DE QIYUAN

戎嘉余　周忠和　主编　/　袁训来　著

浙江少年儿童出版社
ZHEJIANG UNIVERSITY PRESS
浙江大学出版社
·杭州·

图书在版编目(CIP)数据

生命的起源/戎嘉余，周忠和主编；袁训来著.—
杭州：浙江少年儿童出版社：浙江大学出版社，
2020.12
（院士给孩子的地球生命课）
ISBN 978-7-5597-2293-5

Ⅰ.①生… Ⅱ.①戎… ②周… ③袁… Ⅲ.①生命起源—少儿读物 Ⅳ.①Q10—49

中国版本图书馆 CIP 数据核字(2020)第 267265 号

院士给孩子的地球生命课

生命的起源

SHENGMING DE QIYUAN

戎嘉余 周忠和 主编 / 袁训来 著

图书策划 徐有智
责任编辑 郑丽慧
美术编辑 成慕姣
整体设计 林智广告
封面绘图 普 肃 邹 乐 郑 卉
内文绘图 普 肃 邹 乐 郑 卉
责任校对 马艾琳
责任印制 王 振
出版发行 浙江少年儿童出版社(杭州市天目山路 40 号)
浙江大学出版社(杭州市天目山路 148 号)

浙江超能印业有限公司印刷
全国各地新华书店经销
开本 710mm×1000mm 1/16
印张 4
字数 34000
印数 1—6000
2020 年 12 月第 1 版
2020 年 12 月第 1 次印刷
ISBN 978-7-5597-2293-5
定价：35.00 元

ZONGXU

总 序

摆在读者面前的这套丛书，是科学家写给青少年的关于地球生命演化的科普书。我们希望读者能从中初步了解生命和地球环境共同演化的历史过程，懂得怎样在探索生命演化奥秘的过程中寻找乐趣。

地球有 46 亿年的历史，地球生命演变的故事就镌刻在化石之中，形成了一套记载着生命演化的万卷丛书。古生物学家的工作就是利用发掘和采集到的化石和古老生命的痕迹来探究这套万卷丛书的奥秘。古生物学是探索生命演化历史的一门基础学科，她不仅有很多经典、传统的演化证据，还有层出不穷的新发现，以及用新技术、新方法做出的研究成果和新信息。如果从 1859 年查尔斯·达尔文发表巨著《物种起源》算起，这门学科至今走过了 160 多年时光。这段时间在人类历史上只是一刹那，更不用与生命起源至今约有的 38 亿年相比较了。但是，在这期间，古生物学者发现了大量崭新的化石，为探索达尔文的生命演化理论提供了强有力的支撑。读者们将从这套书中了解许多有关生命演化的鲜为人知的故事。演化生物学取得了很大的进展，但人类对生命演化的探索将永无止境。

法国著名画家保罗·高更曾到南太平洋的塔希提岛去写生。《我们从哪里来？我们是谁？我们到哪里去？》是他在塔希提岛上完成的油画作品。我们知道，科学家是用科学思维来描绘自然界的客观规律，而艺术家则用艺术作品来表达审美情趣。他们都在思考生命过程，最终能殊途同归。作为古生物工作者，我们不仅要研究和探索这三个问题，还要探索地球上所有生命的演化历史，来揭示演化的机理和真谛。

这套科普丛书从酝酿到出版经过了三年多的时间。2017 年夏天，当浙江大学出版社的编辑在北京拜访国家开放大学音像出版社的领导、编辑时，看到由中国科学院学部工作局和该社联合出版的视频课程《生命的起源与演化》，感到这是一个很有普及价值的科学选题，作者权威、知识新颖、内容科学，适合改编成一套科学性与通俗性相结合的科普读物，值得向青少年读者推广。双方编辑经多次商量讨论后形成了一个方案。根据视频演讲稿完成的初稿出来后，因多种原因，出版一事推迟了。然而，大家想做一套讲述地球生命演变故事科普图书的初心未变。在国家开放大学音像出版社领导的大力支持下，浙江大学出版社有关负责人和编辑找到浙江少年儿童出版社社长，双方因理念契合、优势互补而一拍即合，于是有了这两年多的紧密合作。在原有素材的基础上，对整套丛书的框架、版式、文字、插图等进行了认真的设计，并约请资深文字和美术编辑会同插画师进行了改编，增加了许多珍贵的化石照片和手绘插图，力争编撰一套深入浅出、图文并茂、可读性强、寓科学知识于故事之中，为广大青少年读者所喜爱的科普图书，为社会提供一份充满科学精神的食粮。

这套丛书的作者团队由来自中国科学院南京地质古生物研究所、中国科学院古脊椎动物与古人类研究所，以及南京大学的院士专家组成。中国的古生物学研究历史悠久，沉淀很深，经过几代“古生物学人”的不懈努力，特别是近 20 年来发展迅猛，成绩斐然。在这套书中，科学家们把自己近年来工作中震惊世界的发现与具有国际水准的研究成果贯穿在“生命的起源与演化”的主题之下，用图文并茂的方式展示出来，将孩子们带入一个美妙的史前生命世界，领略古生物学之美。通过了解这些崭新的研究成果，孩子们在满足好奇心的同时，也将激发对科学更大的兴趣，树立民族自信。

这套丛书将分期、分批出版。第一辑有 8 种，以后还将陆续出版其余部分。在第一辑图书出版之时，我们要感谢出版视频的国家开放大学出版传媒集团副总经理徐锦培、国家开放大学音像出版社副总编辑潘淑秋及责任编辑吉喆。这里特别要感谢吉喆女士，在前期工作中，她不厌其烦，认真负责，奔波于北京和南京之间，贡献卓著。他们极富成效的工作及后续的奉献与支持为本书出版奠定了良好基础。感谢浙江大学出版社和浙江少年儿童出版社的领导和编辑们为本套图书最终出版、为社会奉献有价值的精神产品所做出的非凡努力，感谢为本套图书精心设计与绘制图表、插画的老师们。同时，我们要感谢全体科学家作者走出象牙之塔，为本套丛书系统编撰付出的心血，为我国生命演化科普宣传工作做出了新贡献。

衷心希望读者们对这套丛书提出批评和建议，以期日后改进。

戎嘉余　周忠和

2020 年 9 月 1 日

MULU 目 录

第一章

生命的起源

第二章

地外生命的探索

MULU

第三章

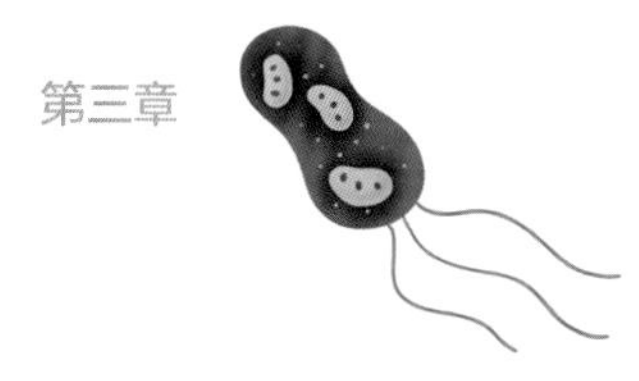

真核生物的起源

第四章

多细胞生物的起源

引子

在这本书中，我要给大家讲讲地球生命的起源的故事。本书内容分为四个部分：

- 生命的起源
- 地外生命的探索
- 真核生物的起源
- 多细胞生物的起源

生命的起源

生命的起源是一个亘古未解之谜。2005 年，美国《科学》杂志在纪念创刊 125 周年之际，公布了 125 个最有挑战性的重大科学问题。其中，第 12 个和第 101 个问题分别是“地球上的生命是如何产生的”“谁是世界的共同祖先”，两者都是生命的起源问题。那么，地球上最初的生命是什么时候产生的？来自哪里？又是如何产生的呢？接下来，让我们一起探索地球生命的起源。

生命起源于何时

宇宙是在150亿年前的一次大爆炸中产生的。太空膨胀，宇宙中形成了数十亿个银河系，每个银河系都有数十亿颗星星。约66亿年前，其中一个银河系内发生了一次大爆炸，其中的碎片和散漫物质经过数十亿年的凝集，在大约46亿年前形成了包括地球在内的太阳系。那时候的地球没有生命，也没有氧气，是一片荒漠。经过40多亿年的日月更替，沧海桑田，如今的地球变成了一个生机勃勃的蓝色星球。各种各样的动植物在这个美丽的星球上繁衍生息。那么，地球上最初的生命是什么时候产生的呢？

迄今为止，已发现的地球生命的最古老的化石之一来自澳大利亚距今约34亿年的岩石之中。这个生物很像现在的蓝细菌（又称为蓝藻），其直径只有我们头发丝的千分之一。

另外，科学家在格陵兰岛距今约38亿年的岩石中发现了残存的碳。研究发现，它属于有机碳，是生物作用的结果。

根据这些地质记录，我们对生命起源的时间可以作出推测——至少早于38亿年前。

另外，地质学家认为，地球在形成早期（距今46亿至40亿年之间）受到大量陨石的撞击，表面温度较高，也没有固定的水圈存在。这一时期的地球环境是不适合生命生存的。

综合上述两方面的资料，生命起源的时间大致可以框定在距今40亿到38亿年之间。

如果把地球形成之初至现今看作是一天的24小时，那么地球上生命起源的时间大致在凌晨3点10分至4点15分之间。我们人类的起源则在晚上11点58分35秒。也就是说，现今地球上最耀眼的“我们”，是在这一天中的最后一分多钟才闪亮登场的。

生命是谁创造的

生命是如何起源的呢？自古以来，有许多假说都试图来解释这一问题。

例如，在古希腊神话中，是天神欧律诺墨在天地尚未形成的宇宙混沌之中，划分出天空和海洋，创造了日月星辰、山川河流等世间万物。

在中国也有类似的说法，就是大家熟知的盘古开天辟地之说。传说很久以前，宇宙一片混沌，天和地还没有分开。有个叫盘古的巨人，用一把大斧头劈开了混沌，分开了天和地。盘古死后，他的身体化成了山川日月等天地万物。

另外，人类通过观察日常生活和自然界的一些现象得到了一些启发，其中就有关于生命起源的观点，比如自生论。古希腊人看见昆虫生于土壤，种子从泥土里萌发，于是认为生命起源于泥土。当然，我们现在知道，这不是生命的起源，而是生命的延续。

盘古开天辟地想象图

生命的起源是人类自有记录以来就一直试图破解的谜题。无论是古希腊创世神话，还是盘古开天辟地的古老传说，抑或是万物生于土壤的自生论，都是人类早期对于生命起源的蒙昧认识。

如今，随着科学技术的不断发展，破解生命起源之谜有了很多来自地层中的化石证据以及科学上的理性探索。

3

生命是天外来客吗

关于生命起源还有两个科学假说：一个是有生源论，一个是宇宙胚种论（也称天外胚种论）。

有生源论认为，生命是宇宙中固有的存在。宇宙大爆炸时期产生了物质，产生了能量，产生了引力，同时也产生了生命。地球上的生命就来自于外太空。有生源论并没有解释清楚生命究竟是如何起源的，其实是不可知论。

宇宙胚种论同样认为，生命不是地球上产生的，而是来自于外太空。现今还有相当一部分人相信这种说法，但我对宇宙胚种论是持怀疑态度的。

我大致计算了一下。离太阳系最近的恒星是半人马座的比邻星，距离太阳系大约 4.2 光年。如果以彗星的运行速度计算的话，从比邻星到达太阳系大约需要 6.5 万年。

也就是说，如果比邻星上有生命的话，这个生命要成功“落户”地球，需要在太空中相当于绝对零度的温度下，经历长时间、长距离的移动，并忍受紫外线等各种辐射，最终存活下来。这是不可想象的。

光年是时间单位吗？

光年是指光在真空中传播一年所经过的距离。因为带有“年”字，所以常常被误以为是时间单位。其实，光年是长度单位，一般用于衡量天体间的距离。距离 = 速度 × 时间，光速约为每秒 30 万千米，1 光年约为 9.46×10^{12} 千米。光从地球到月球只需要 1 秒多钟。

生命起源于温暖的小池塘吗

1859 年，一本划时代的著作出版了，那就是查尔斯·达尔文的《物种起源》。它的问世给生命科学带来了前所未有的大变革，同时也为人类揭示生命的起源这一千古之谜带来了一丝曙光。

现代的化学进化论认为，生命是在一个温暖的小池塘里慢慢孕育出来的。换句话说，生命是在地球早期的某个角落，由无机物慢慢演化而来的。1953 年，这一观点在米勒实验中得到了强有力的支持。

在实验中，米勒在一个烧瓶中注入水，代表原始的海洋，在其上部球形空间里置入氢气、氨气、甲烷等气体，来模拟原始的大气层。当他加热烧瓶，让球形空间内的气体经受火花放电（模拟电闪雷鸣）后，发现生成物中含有一些生命所必需的有机化合物。

这一实验证明，在地球早期温暖的小池塘里，无机物有可能合成有机物，甚至产生生命。

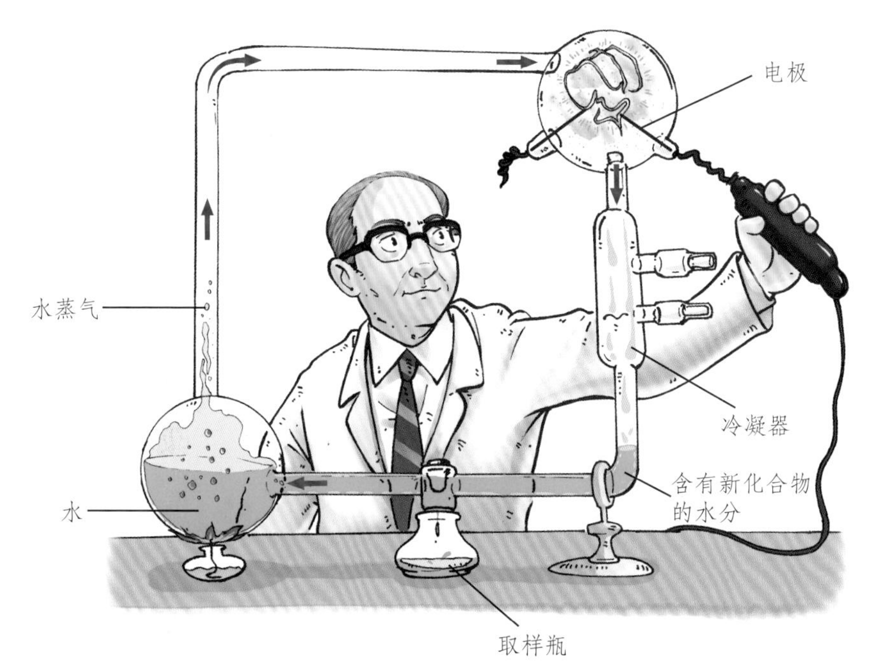

米勒实验模拟图

生命起源于温暖的小池塘这一观点也不是十全十美的。

地质学家认为，地球早期的大气并不含有米勒实验中的氢气、甲烷等还原性气体，而是二氧化碳等氧化性气体。在自然条件下，这些氧化性气体是很难合成有机物的。

另外，地球在形成早期遭受了大量行星、陨石和彗星的撞击，这种温暖的小池塘是很难长时间保存的。

5

黑烟囱——生命的摇篮

适合生命起源的环境应该是长期存在液态水、高温且含有还原性气体的环境。从 20 世纪 80 年代至今，关于生命起源的主流观点就是生命起源于热泉。

地球就像是一块拼图，由很多板块组成。板块与板块之间经常发生地震、火山等活动，其中也有热水从板块与板块之间喷出来。喷出来的热水若位于海底，就是海底热泉，俗称“黑烟囱”，在陆地上就是陆地热泉，最有名的就是美国黄石国家公园的热泉。

热泉温度高，含有大量的还原性气体，如一氧化碳、氢气、甲烷、硫化氢等。但是，依然有大量的微生物在这种环境下生存。极端嗜热菌能生活在100摄氏度的环境下，温度低一点的外围有铁细菌，温度再低一点的外围有紫色硫细菌、蓝细菌。

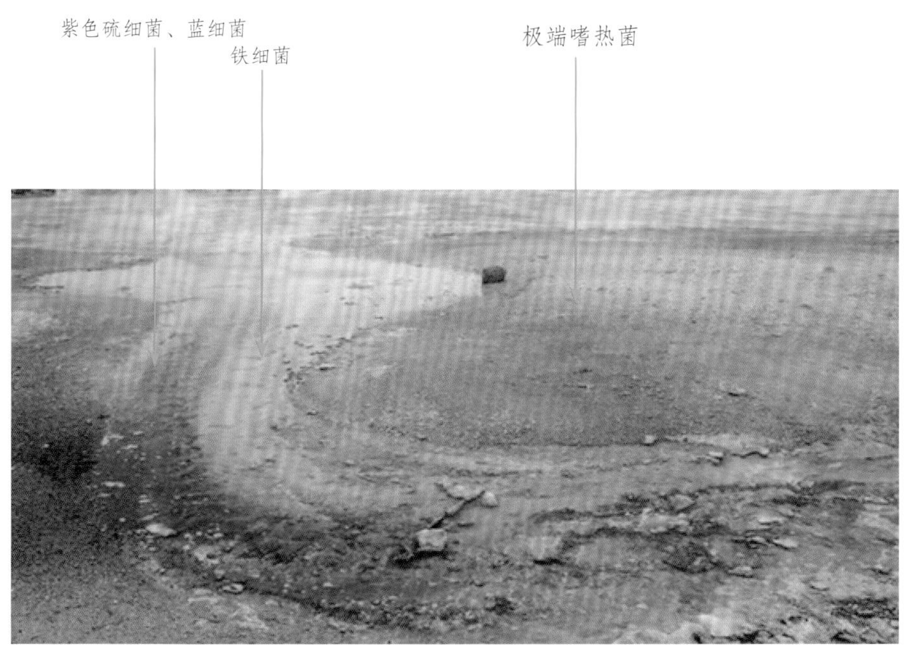

在热泉附近生活的微生物

关于生命起源于热泉，有很多有力的证据，大致有以下五个方面：

（1）地球早期的表面温度比较高，产生的生命形式应该是一些能适应高温环境的微生物。热泉中的生物恰恰都是一些嗜热微生物。

（2）热泉的环境与地球早期的环境有很多相似之处，如高温、含有还原性气体等。

（3）高温热泉环境有利于小分子的有机化合物聚合成大分子的有机化合物。

（4）热泉口向外围存在有梯度的过渡，有利于各种化学反应连续发生。

（5）最重要的一点是，现代热泉中的生物都是生物演化史上最基本的类型，它们都含有最原始的基因。

但是，生命起源于热泉的观点也受到两个方面的质疑。

第一，氨基酸是组成蛋白质最重要的物质，甚至可以说是组成生命体最重要的物质之一。人体内蛋白质的种类很多，但都是由20种氨基酸按不同比例组合而成的。这些氨基酸在极端的高温环境下是非常不稳定的，它们的分子结构也许生存几秒钟就分解了。

第二，一个好的理论不但要解释生命是怎样在这种环境下产生的，还要解释嗜热微生物是如何演化到现生生物的。生命起源于热泉的观点至今也没有合理解释这一点。

你知道吗

会变色的大棱镜温泉

大棱镜温泉又称大虹彩温泉，是美国最大、世界第三大的温泉，位于美国黄石国家公园内，直径大约 100 米，水温高达 85 摄氏度。

大棱镜温泉的水体中富含矿物质，使得藻类和含色素的细菌等微生物得以生存。温泉中心地带由于温度太高没有生物生存。大棱镜温泉从内向外呈现出蓝、绿、黄、橙、红等不同的颜色。

另外，这些微生物体内的叶绿素和类胡萝卜素的含量会随季节变换而改变，因此温泉的颜色也会随季节变化。夏季，叶绿素含量相对较低，水体呈橙色、红色或黄色。冬季，由于缺乏光照，这些微生物会产生更多的叶绿素，水体呈深绿色。

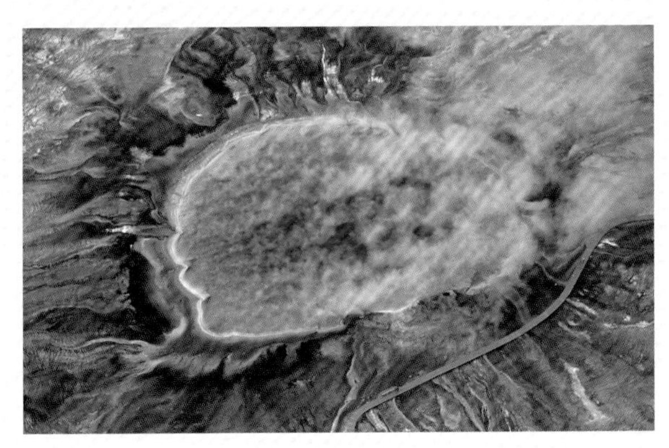

大棱镜温泉

生命起源三步走

总结一下，生命起源的过程大概可以分为三个步骤：第一步是从无机物到有机小分子；第二步是从有机小分子到有机大分子，如蛋白质、多糖、核酸等；第三步是从有机大分子到原始单细胞生命，也就是由大分子合成一个简单的生命。

米勒实验对生命起源的第一步作了很好的解释。第二步通过热聚合反应、脱水反应等是可以完成的。第三步是最难的。可以说，关于这个过程到现在为止还有一个巨大的鸿沟没有跨越。也许地球上的生命就是产生在距今 40 亿到 38 亿年那些充满硫磺味的热水池或者软泥之中。距离我们揭开生命起源这一亘古之谜还有一段遥远的科学历程。

从无机物到有机生命的演化过程还有很多偶然性。比如，虽然有 DNA、RNA 等遗传物质，蛋白质、膜系统等也形成了，但这些只是“零件”。要让它们在一个小池塘里进行“组装”，形成一个单细胞生命，这其中充满很多偶然性。

打个比方，当时的地球就如一个垃圾堆，里面什么东西都有，而最初的那个单细胞生命就像一辆精美的跑车。要让各种乱七八糟的垃圾在某种条件下组装成一辆跑车，这个过程可想而知是相当艰难的。

我们的地球经历了 40 多亿年的沧海桑田，古老的岩石所剩无几，就算有也已深度变质。在地球上寻找生命起源的信息无异于大海捞针。我们尚未找到生命起源时地球环境的地质证据，比如大气的组成、温度、海洋的化学条件等，也没有找到第一个细胞出现之前与有机大分子的进化过程相关的化石记录。

地球生命二十四小时

假如把地球的四十六亿年历史浓缩为一天二十四小时……
那么，地球诞生于零点。

凌晨四点左右，第一个生命诞生啦！

晚上八点左右，原始多细胞生物诞生啦！
往后余生，我们生死与共！

晚上九点十五分左右，寒武纪生命大爆发发生了。
可算轮到我们出场了。

恐龙生活了不到一个小时，灭绝于晚上十一点多。

晚上十一点五十八分三十五秒，人类出现，并快速创造了如今这个精彩纷呈的世界。
大家久等了。

地外生命的探索

地球之外是否存在生命？地外生命的探索能否为研究地球生命的起源提供有用的信息？20 世纪以来，科技的飞速发展，特别是航天技术的发展，使人类有可能去外太空寻找不同的生命形式。接下来，让我们一起去月球和火星探索生命吧！

月亮上有嫦娥吗

现代科学研究表明，地球在宇宙中并不是唯一的，宇宙中还有许多像地球一样的行星。

既然地球可以拥有生命，那么茫茫宇宙中的其他星球是否也存在生命呢？我们在宇宙中是孤独的吗？为了给研究地球生命的起源提供新的线索，我们可以去地球外的哪些地方探索可能存在的生命呢？

我们的第一个目标当然是月球，因为它是离我们最近的一颗卫星。

月球大约形成于地球形成后不久，与地球的平均距离约为38万千米。月球直径大约是地球的四分之一，是太阳系第五大卫星。月球是地球最忠实的伙伴，人们几乎每个晚上都可以看见它。正因为如此，古今中外的人们以月亮为主题演绎出了无数美好的传说。

“阿波罗 11 号”宇航员登月

1969 年，美国的宇宙飞船“阿波罗 11 号”首次成功登上了月球，人类完成了登月梦想。但是，当宇航员阿姆斯特朗双脚踏上月球后，我们的美丽神话也随之被打破了：月球上没有嫦娥，没有玉兔，也没有桂花树。我们看到的是一个没有空气、荒芜寂静的世界。

2020 年 10 月，美国国家航空航天局（NASA）的观测台“索菲娅”首次证实，月球的向阳面存在水。不过，月表土壤的含水量很低，只有撒哈拉沙漠含水量的1%。

关于月球的起源，目前大家普遍认为，它由地球与另一个天体之间的一次巨大撞击产生的碎片所形成。人类登月的时候，首先映入眼帘的就是停滞在40亿年前大撞击时期的场景，月球表面到处都是由天体撞击形成的撞击坑。

月球表面的撞击坑

火星上有生命吗

人类探索的第二个星球是火星，因为火星的轨道与组成跟地球类似。

我们带着三个目的去火星进行探索：第一，寻找活的生命；第二，寻找液态水，因为地球上生命的出现需要液态水；第三，寻找与生命有关的化合物。

1975 年，美国“海盗号”火星探测器成功发射，并于次年在火星表面着陆。

火星，这个呈铁锈红色的神秘星球，一直寄托着人类的太空探索梦想。“火星救援”“火星人”“火星计划”等词频频出现在科幻文学作品中。但是，当我们通过“海盗号”的悬臂观察火星时，看到的是一个没有生命、没有液态水的荒芜星球。

不过，在过去的几十年中，至少有五个方面的证据表明，火星上曾经存在过液态水：

火星表面的峭壁

（1）火星上有干枯的河道。

（2）火星上有水直接参与形成的矿物。

（3）火星的极地有冰盖。

（4）火星陨石坑里发现了大量的冰。

（5）火星的土壤里也发现了冰。

“火星快车号”探测卫星

从 20 世纪 90 年代到现今，美国国家航空航天局和欧洲航天局（ESA）加大了对火星的探测力度。2020 年 7 月，中国搭载“天问一号”火星探测器的长征五号火箭也成功发射。

特别值得一提的是欧洲航天局的“火星快车号”。那是 2003 年发射的、围绕火星轨道运转的一颗探测卫星，它携带了很多精密仪器。“火星快车号”对火星的大气层进行了成分分析，发现其中含有甲烷。

据分析，有三种情况可能产生甲烷：

第一，火山爆发。但是，火星上一直没有板块运动，至少现阶段是没有的。

第二，彗星撞击。有的彗星是由甲烷组成的，它撞击到火星上时，有可能给火星的大气层带来甲烷。虽然这种彗星过去有可能撞击过火星，但是甲烷不太可能一直存在于大气层中。

第三，生物的长期作用。甲烷从火星大气层逃逸的速度很快，必须要随时补充才可能被检测到。科学家据此推测，火星大气中一直含有甲烷可能是因为生物的持续作用。

你知道吗

“天问一号”

“天问一号”是中国的第一个火星探测器。2020 年 7 月 23 日，“天问一号”探测器在中国文昌航天发射场由长征五号遥四运载火箭发射升空，成功进入预定轨道。这代表中国在深空探测领域实现了技术跨越。

3

地外探索的启示

地外生命的探索给我们带来了很多新的启示。

通过对月球的研究可以推测，至少在44亿年前，地球环境还是不利于生命起源的。在距今44亿到42亿年之间，由撞击作用（如彗星）传递到地球上的水可以保留。稳定的大气层和海洋很可能在这个时期形成，为生命起源提供了最早的适宜环境。

火星地表

对火星的研究也给了我们两方面启示：

第一，火星上可能保存着类似地球早期（距今46亿到36亿年）的地质记录。

第二，如果火星上存在生

命，很可能是在地下深处。生命也许曾经存在于火星表面，古代沉积岩层中有可能留下化石记录，现在暴露在火星表面。这个需要将来人类登上火星以后进行勘探。

未来，火星的采样点可以集中在干枯的湖泊等曾经可能存在液态水的地方。

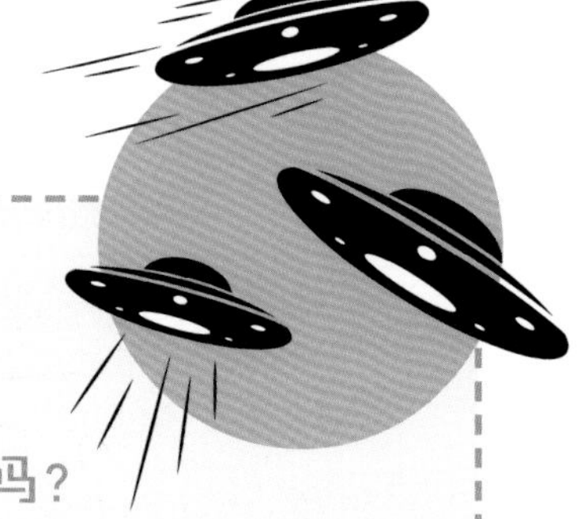

UFO是外星人的飞船吗？

UFO 的全称是 Unidentified Flying Object，意思是不明飞行物。目前的科学研究还不能证明 UFO 是外星人的飞船。

现在对于 UFO 的科学解释主要有两类：

第一，UFO 是某种尚未被人类充分研究过的自然现象或生命现象，比如地震光。

第二，UFO 是对已知的某个物体或者现象的误解，如彗星、流星、球形闪电、极光、海市蜃楼等。

假如细胞有记忆

虽然地外探索为人类研究生命的起源打开了一个新的窗口，但是迄今为止，地外还没有发现可靠的生命痕迹。也许在茫茫宇宙中，我们地球是生命的唯一乐园，地球上的所有生命同根同源，可以追溯到第一个细胞。

不要小看我们自己，我们都有超过 38 亿年的历史。

如果我们的细胞有记忆，我们能够想起 38 亿年前，我们就是一个普通的细菌，只有针尖的千分之一大小；我们能够看到生命起源时的满天彩霞，潮起潮落，也常常能够看到陨石和彗星撞向地球的壮丽情景。

如果我们的细胞有记忆，我们能够想起 1 亿多年前的侏罗纪，我们常常仰望着在天空中飞翔的翼龙。

如果我们的细胞有记忆，我们能够想起 200 万年前，我们和黑猩猩在非洲草原上嬉戏和打闹的场景。

我们要珍惜自己的生命，更要珍惜地球上所有的生命。我们不能期望地球上再来一次生命起源。

真核生物的起源

最早的地球生命出现在 38 亿年前，古生物学家普遍相信，所有生命的第一个共同祖先，很可能是能够适应地球早期极高温环境的一种原核生物——细菌。那么在漫长的地球生命萌芽阶段，生命是如何从最初的原核生物，演化为拥有细胞核的单细胞生物的呢？接下来，让我们一起探索真核生物的起源。

蓝细菌——供氧大功臣

大约在 38 亿年前，生命在地球上诞生。这些最初的生命是一些结构简单的原核生物。原核生物是一类原始单细胞生物，其核物质没有核膜包裹，但具有细胞核的功能，故称为原核或拟核。

为了适应地球上多变的环境，原核生物开始变得复杂，演化出了多种类型的单细胞生物，类似于现在热泉口的微生物群落。

特别值得一提的是一种叫蓝细菌的微生物。蓝细菌是单细胞生物，不含叶绿体，但含有叶绿素，大多呈蓝绿色。它能进行光合作用，固定大气中的二氧化碳，并释放氧气。

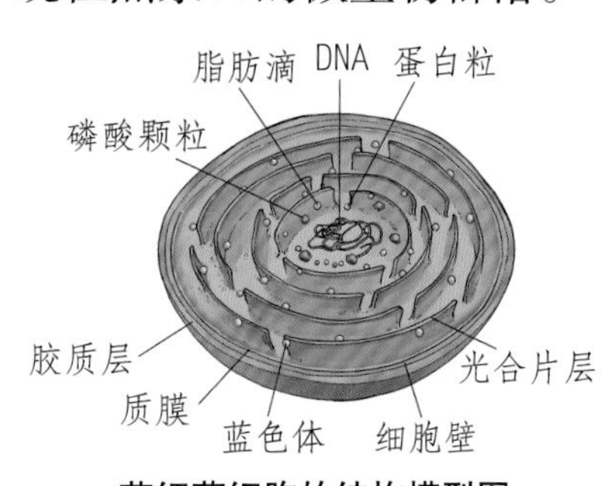

蓝细菌细胞的结构模型图

蓝细菌是最早的光合放氧生物，这一生物作用持续了 13 亿到 15 亿年之久。在 25 亿年前，地球大气层变成了含有氧气的大气层。蓝细菌的作用使整个地球的大气从无氧状态发展到有氧状态，从而孕育了一切好氧生物的进化和发展。

在地球形成早期，由蓝细菌和其他微生物周期性的生命活动形成的叠层状生物沉积构造——叠层石，分布非常广泛，为我们提供了大量的地质记录。这也是蓝细菌持续释放氧气改变大气层的重要证据。

叠层石

随着地球早期环境的不断变化，尤其是能够进行光合作用的光能自养菌的出现，最初充斥着还原性气体的地球大气层不断被氧化。氧化状态的大气层的形成，为真核生物的出现提供了非常有利的条件。因为拥有细胞核的真核生物在进行呼吸作用和有丝分裂的过程中是需要氧气的。而且臭氧层能够吸收紫外线，对真核生物起到保护作用。

地质证据表明，地球至少在 25 亿年前就已经具备了真核生物出现的条件。

内共生假说

谈到真核生物的起源，不得不提到美国生物学家林恩·马古利斯。她提出了真核生物起源的内共生假说。

1981 年，马古利斯提出，真核生物的祖先是一种体积较大、不需要氧气、具有吞噬能力的细胞，好氧细菌被它吞噬后经过长期共生成为线粒体，蓝细菌被吞噬后经过长期共生成为叶绿体。打个比方，真核细胞就像是一个大部落，里面生活着好氧细菌、蓝细菌等成员。成员们在部落里和谐共生，各自发挥着作用，为部落的发展供应能量。

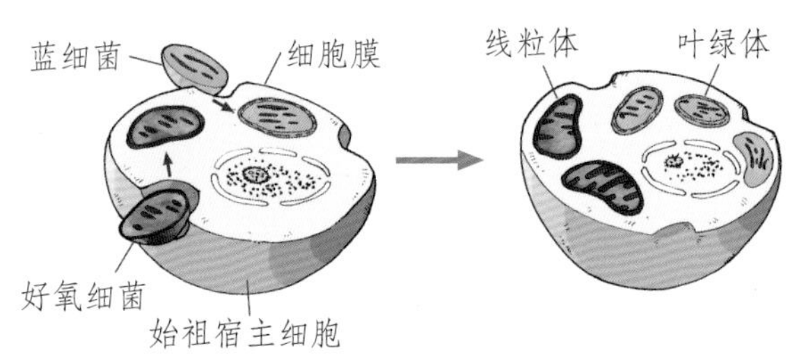

内共生假说示意图

这一假说得到了现代生物学的支持，主要有三个方面的证据：

第一，线粒体和叶绿体有自己独特的DNA可以自我复制，不完全受真核细胞的细胞核DNA控制。线粒体和叶绿体的DNA与细胞核的DNA有很大的差别，但同好氧细菌和蓝细菌的DNA非常相似。

第二，线粒体和叶绿体有自己独特的蛋白质合成系统，不受真核细胞的细胞核控制。

第三，线粒体和叶绿体的内外膜有明确的区别，它们的外膜与真核细胞内部的内置网膜非常类似，而内膜则与好氧细菌和蓝细菌的细胞膜非常相似。

你知道吗

有趣的生物共生现象

共生是指两种生物生活在一起，彼此帮助，互相依赖，一旦分开，则双方或一方便会生存困难。会分泌毒液的海葵和可爱的小丑鱼是共生关系。海葵是小丑鱼的“房东”。海葵的触手有刺，还会分泌毒液，小丑鱼居住其间可以免受其他大鱼的掠食。小丑鱼是海葵的“诱饵”和“卫士”。小丑鱼可以吸引其他鱼类靠近，增加海葵捕食的机会；还会把海葵的“克星”鲽鱼打得落荒而逃。

3

最早的真核生物化石

在地球形成的早期，真核生物都是单细胞的，保存下来的化石非常罕见。

到目前为止，已知最早的可靠的真核生物化石证据来自于中国天津市蓟州区长城系串岭沟组页岩，距今 17 亿到 16 亿年。

天津市蓟州区长城系串岭沟组页岩

科学家用酸浸泡这些页岩，从中获得了单细胞有机质的化石。这些化石直径只有 0.1 毫米左右，差不多是一根头发丝那么粗。

我们通过光学显微镜、扫描电子显微镜、透射电子显微镜等，发现这些球状化石具有真核生物所具有的独特、典型的微细构造，因此认为它是迄今最早的真核生物化石。

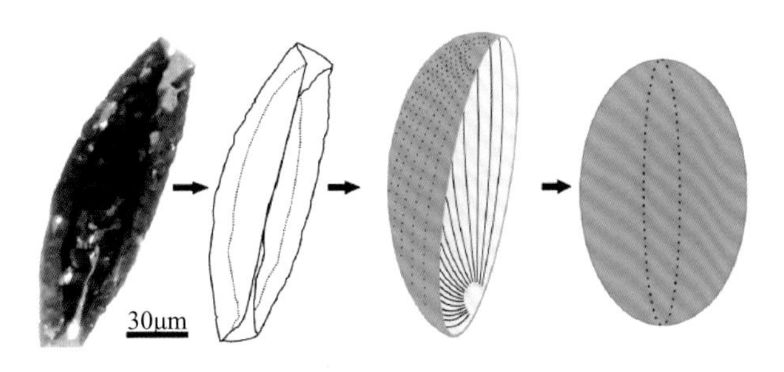

迄今为止最早的真核生物化石及其复原图

2017 年，有研究人员发现了一些具有 24 亿年历史的化石。这些化石是一种比头发丝还细的微小生物的遗迹，直径约为 0.002—0.012 毫米。这些微小生物生活在火山岩的空洞中。化石的丝状外形表明，它们要么是最早的真菌，要么是最早的真核生物。

这一发现对理解地球早期生命的演化非常重要，它表明真菌或真核生物的起源或许比人们此前已知的时间更早。

真核生物的出现是生物演化史上一个重大的转折和突破，因为真核生物的有性生殖使生物有可能向多样化发展，加速了生物进化的步伐，并有可能朝着机能和器官不断分化和完善的方向发展。

什么是有性生殖？

许多动物都是由雄性和雌性结合，通过雌性生宝宝或生蛋的方式来繁殖后代的。这样的繁殖方式就叫作有性生殖。有了雄性和雌性，更能保证留下后代，并且促进后代的优化。

单细胞生物统治的终结

真核生物大约在 25 亿年前开始出现，但在随后相当漫长的一段时间内，地球上的生物演化进程迟滞，整个地球系统变化缓慢，真核生物种类非常稀少。以蓝细菌为主的简单单细胞生物统治着当时尚未喧嚣的海洋。

7.5 亿到 6.3 亿年前，地球从赤道到两极都被冰雪覆盖，变成了一个大雪球，这一事件被叫作“雪球地球”事件。在数百万年的时间里，整个地球基本都被冰雪覆盖。这期间，严酷的气候环境使得生命活动几乎完全停止，仅有少量的生命迹象残留。单细胞生物的统治时代也随之宣告终结。

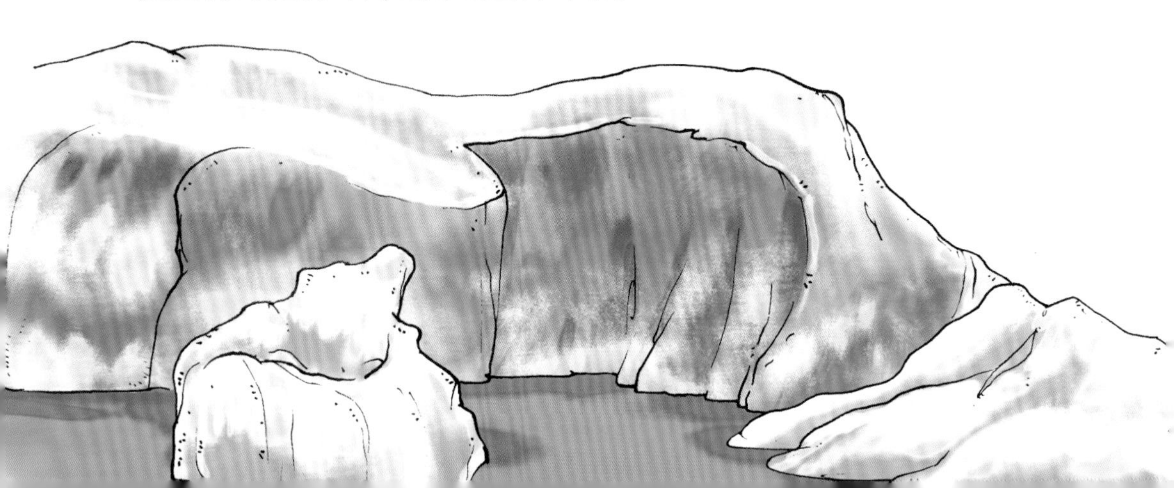

“雪球地球”事件是地质历史时期最极端的气候事件，但是正所谓“旧的不去，新的不来”，这一严酷的大冰期也成了地球生物演化的重要推手。

“雪球地球”事件之后，海洋洋流等发生变化，这为浅海生物带来了大量微量元素，极大地丰富了生物的营养来源。真核生物的发展迎来了契机，生物圈获得了迸发式的发展。

长久以来被单细胞生物所统治的时空，随着“雪球地球”事件的结束而一并瓦解，多细胞生物开始出现并繁荣发展。

你知道吗

地球历史上的大冰期

全球范围内气温剧烈下降、冰川大面积覆盖大陆、地球处于极度寒冷的时期，被称为“大冰期”。地球历史上经历过多次大冰期。

“雪球地球”事件发生在显生宙之前。到了显生宙，有三次大冰期，分别发生于奥陶纪末、石炭纪至二叠纪以及第四纪。大部分时间里，地球两极都没有冰盖或仅有一极有冰盖。今日南北极均有冰盖的状态，在地球历史上颇为罕见。

多细胞生物的起源

如今的地球，放眼望去，绝大多数生命都是庞大复杂的多细胞生物。多细胞生物的起源是地球生物演化史中重大的革新事件。自达尔文至今，一直是生物学家、进化生物学家关注的焦点。那么，生命是如何从单细胞生物演化为多细胞生物的呢？接下来，让我们一起探索多细胞生物的起源。

瓮安生物群

“雪球地球”事件促使早期真核生物向多细胞生物快速演化。在中国南方地区发现的瓮安生物群和蓝田生物群，都与多细胞生物的起源密切相关。

瓮安生物群主要分布于贵州省瓮安县瓮安磷矿，距今约6亿年。瓮安生物群化石保存在磷矿之中，是立体保存的微体化石。这一化石生物群，为研究动物在寒武纪生命大爆发之前的起源和早期演化提供了独一无二的实证材料。

瓮安生物群化石种类丰富，主要包括多细胞藻类、微体动物以及动物胚胎等。

通过切片，可以看到这里的藻类具有很多细胞。进一步研究发现，这些多细胞藻

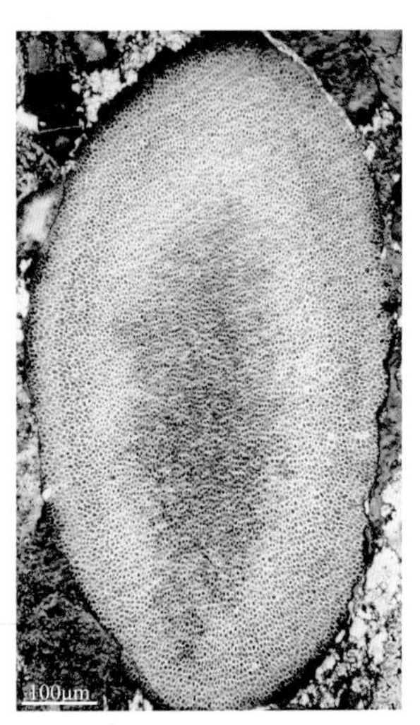

多细胞藻类化石切片

类属于红藻。

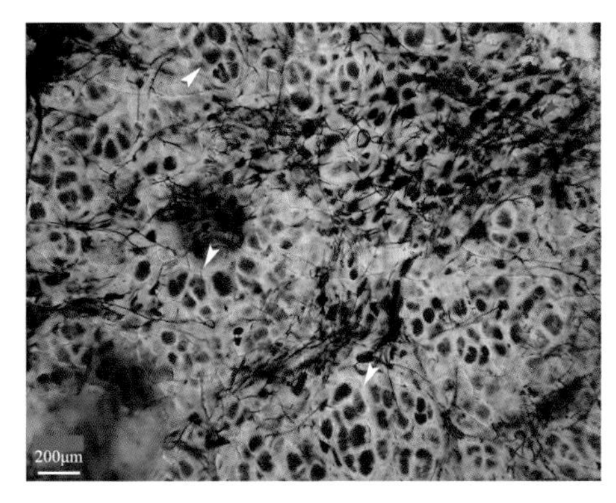

最古老的地衣化石切片

在瓮安生物群中还发现了迄今为止最古老的地衣化石。地衣是真菌和藻类的共生体，是改造陆地的先驱者。我们现在熟知的地皮菜就是地衣。

此外，还发现了两类微体动物化石：管状的腔肠动物化石和海绵动物化石。

这些红藻、地衣、腔肠动物和海绵动物，都是地球上最古老

腔肠动物化石

（刘鹏举供图）

海绵动物化石

（殷宗军供图）

的多细胞生物。由此可见，瓮安生物群化石为研究地球上多细胞生物的起源提供了非常重要的证据。

还有一类神奇的化石——动物胚胎化石。1998 年，美国《自然》杂志的封面上刊登了这一动物胚胎化石，震动了当时整个科学界。这些动物胚胎化石保存了一个受精卵分裂的整个过程：

动物胚胎化石

从1个细胞、2个细胞、4个细胞、8个细胞、16个细胞、32个细胞、64个细胞、128个细胞到256个细胞。每一个细胞都保存得非常完整。

这些动物胚胎化石表明，瓮安一带浅海海域在大约6亿年前是充满无限生机的生命乐园，这个乐园成为此后近6亿年生命长河的伟大源头。

你知道吗

寒武纪生命大爆发

在距今5亿多年的寒武纪，地球在一两千万年的时间内突然涌现出各种各样的动物，形成了多个门类动物并存的繁荣景象。一系列与现代动物的形态基本相同的动物在地球上集体登场。古生物学家将这一事件称为“寒武纪生命大爆发”。

现在，地球上有30多个门级动物，其中80%—85%是在寒武纪生命大爆发期间出现的。

中国云南澄江生物群、中国贵州凯里生物群、加拿大布尔吉斯生物群再现了寒武纪时期海洋生物的真实面貌，为研究寒武纪生命大爆发提供了化石证据。

贵州瓮安的“蛋”

以瓮安磷矿方圆 100 千米为范围，同时也将磷矿的厚度和含量考虑在内，这些胚胎初步估算有 1 千万吨。

这么多动物的“蛋”应该有成体，这是毫无疑问的。那么，它们究竟是什么动物的胚胎？我们能否找到这些胚胎的母体呢？

科学家们通过多种手段进行了研究，希望找到“下蛋的鸡”。但是十多年过去了，还是没有找到。

也许有人会联想到一个特殊的场景——每年的 10 月、11 月，在澳大利亚大堡礁会出现壮观的珊瑚虫产卵现象。

在这两个月里，这些珊瑚礁的建造者产下大量的卵，在海底制造出一场壮观的“暴风雪”。

珊瑚虫是固着生长的，身体呈锥管状，顶端具有触手。瓮安生物群的胚胎跟珊瑚虫产的卵会不会类似呢？

珊瑚虫

现在，我们回到6亿年前的瓮安。

瓮安生物群的沉积环境是台地浅水区域，风浪比较大，水体深度小于50米。在瓮安生物群化石的发现地找不到“下”这些“蛋”的成虫化石，会不会是因为它们生活的场所跟胚胎沉积的区域不在一起呢？就像珊瑚虫是固着生长的底栖动物，而它产的卵会漂浮到另外一个地方沉积。

但是，瓮安地区没有这种可以沉积的深水区域。

我想到了约1500千米外的安徽省休宁县蓝田生物群，时代大概也是距今6亿年左右，水体深度大于50米，比瓮安的要深。

3

安徽蓝田的“鸡”

在研究蓝田生物群时，我们发现了一些跟瓮安生物群的胚胎大小相似的碳质颗粒。这两者之间会不会有联系呢？如果有联系的话，蓝田生物群中会不会有成体化石？

迄今为止，在世界上早于5.8亿年前的地层中，不管是浅水还是深水里，都没有发现可靠的遗迹化石。这就意味着6亿年前没有像螃蟹、虾这样的底栖游移的复杂动物。

如果没有在水底游移生活的多细胞动物，那么这些胚胎的成体只有两种可能：底栖固着的或者浮游的。浮游的类型我们可能找不到，但是底栖固着的动物就像现在的珊瑚虫一样，基部有固着器固着在海底，且呈锥管状，是有可能找到的。

根据现代生物学的知识，成体个体的大小至少是胚胎的30倍。比如，一只母鸡大约有一枚鸡蛋的30倍那么大。按此推测，瓮安生物群的胚胎化石直径在1毫米左右，它的成体高度至少应该在3

厘米左右。

高约3厘米、锥管状、具有固着器、顶端带触手的动物化石——我们带着这样的推测，在2010年10月底向安徽蓝田进发了。

安徽蓝田的化石挖掘现场

在化石挖掘的第六天，我们果然发现了这样的化石，跟现在大堡礁的珊瑚虫形态非常相似。

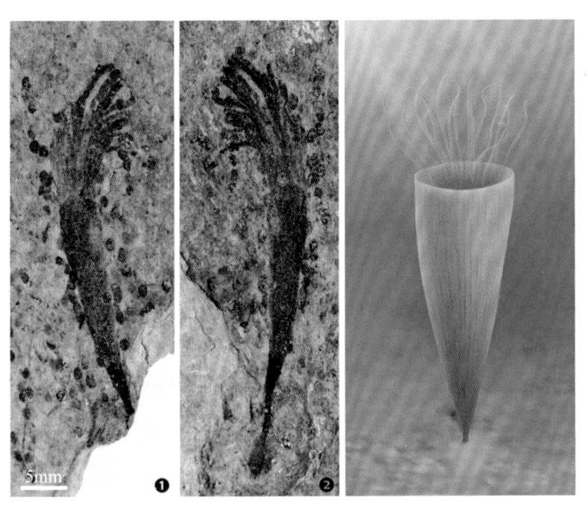

在蓝田发现的动物成体化石及其复原图

科学的预测跟科学的结果不谋而合，就是科学之美。

经过挖掘，我们一共发现了 24 种多细胞生物化石。其中，以蓝田虫为代表的 5 种动物（光滑蓝田虫、环纹蓝田虫、杯状皮园虫、梭状前川虫、稀少休宁虫）是全新的类型，它们都是底栖固着、具有触手、锥管状的。

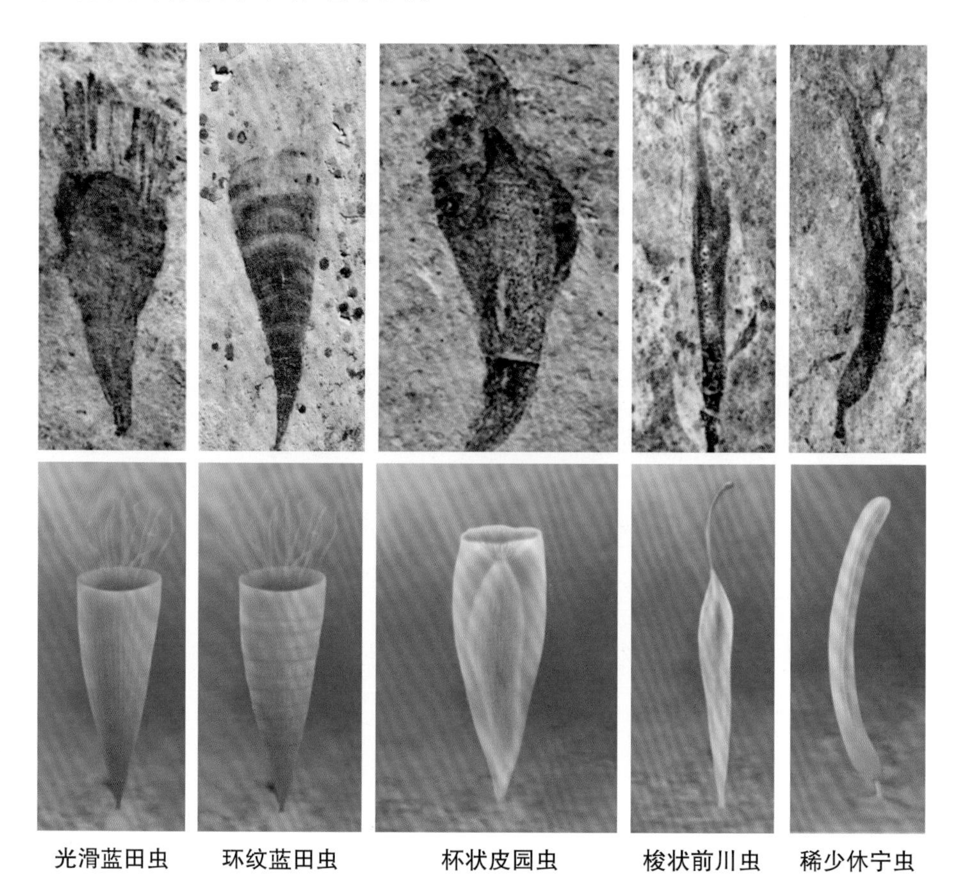

光滑蓝田虫　环纹蓝田虫　杯状皮园虫　梭状前川虫　稀少休宁虫

我们还发现了十余种多细胞藻类，它们有丛状、扇状、杯状等多种形态。

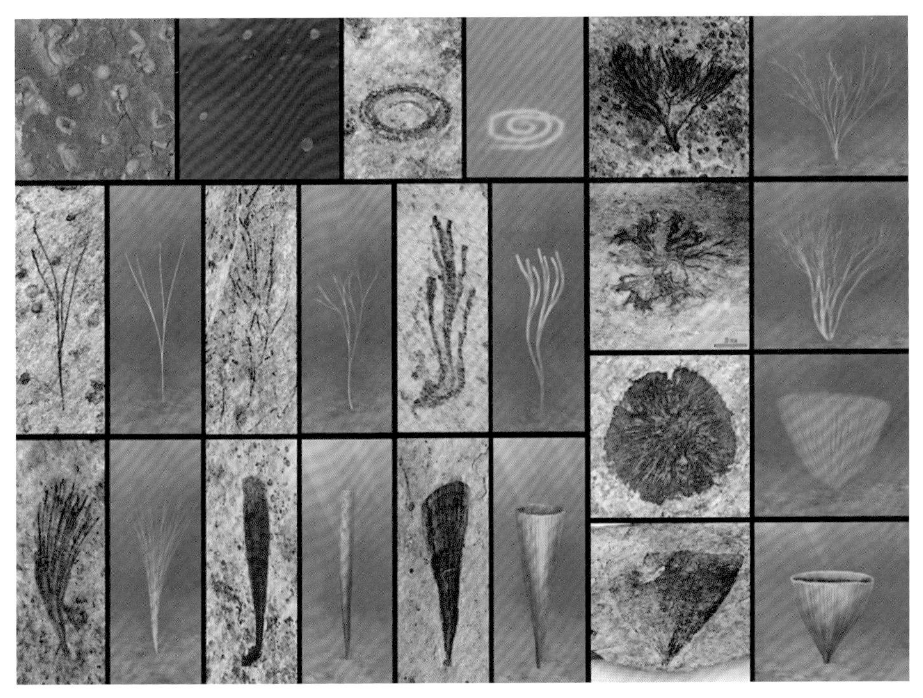

不同形态的多细胞藻类化石及其复原图

蓝田生物群是迄今为止最古老的多细胞生物群。它的发现打开了一个研究早期复杂生物的窗口，让我们从此走进了6亿年前的生命世界。

6亿年前的海底世界

在蓝田生物群中，有很多单一物种组成的居群，也有五六个物种组成的群落。这些化石展现了6亿年前海底生物的景象。

为了更直观生动地看到6亿年前的生物面貌，我们进行了古生态复原。古生态复原包括化石形态和生存环境两个方面。

古生态复原是一项科学、技术和艺术相结合的工程。说科学，

单一物种组成的居群

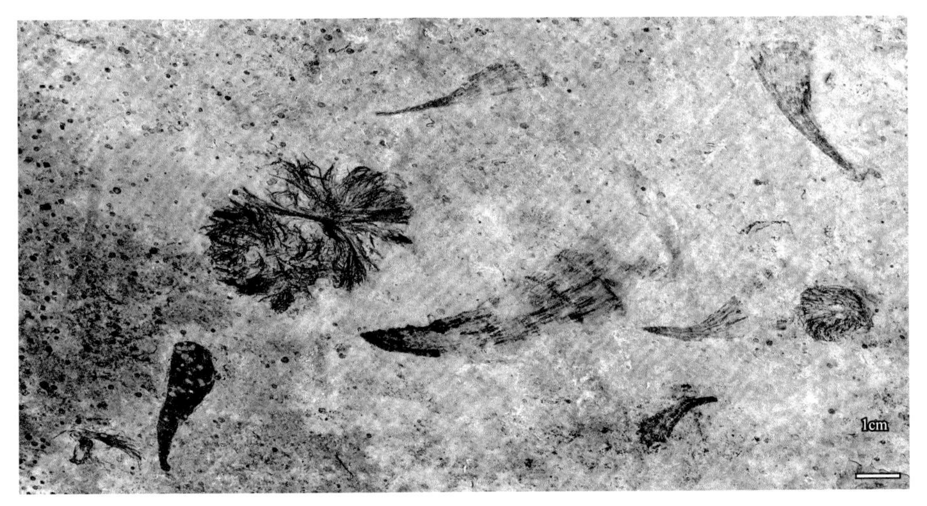

多个物种组成的群落

是因为复原每一个化石，都要根据生物学、古生物学的知识，把它的形态完整地复原出来；说技术，是因为复原需要有专业的绘画功底；说艺术，是因为复原出来的东西，要在不失真的情况下看上去比较美观。

复原工作主要有三个步骤：

第一步，把化石平放到假想的当时的海底环境中。

第二步，进行单个化石的复原，再进行总体的复原。

第三步，通过一系列科学手段，把保存这些化石的岩石恢复到当时的生态环境中。这一步需要综合考虑水体深度及含氧量，有没有水动力条件，有没有波浪的侵蚀，基底是沙质的、泥质的还是碳酸盐质的，等等。

这样，一幅完整的画面就出来了：蓝田生物群生活在水下200米至50米之间、静水、有氧的海洋环境中。

把很多很多这样的画面复原出来之后，再把它们合在一起，6亿年前蓝田生物群的总体面貌就展现出来了。

蓝田生物群复原图

海里的生命乐园

蓝田生物群整体复原图的完成具有什么科学内涵呢？它的科学意义又是什么呢？

蓝田生物群是一个底栖固着的复杂生物群，是地球上微体真核生物向复杂生物过渡、演化的重要环节。它代表了6亿年前真核生物的总体演化水平；显示了在“雪球地球”事件刚刚结束之后，地球上的动物和多细胞藻类都已经出现，且发生了快速辐射；意味着这个时期大气层的氧气含量明显提高，较深的海洋环境已经为复杂生命的存在提供了条件；同时也表明，多细胞生物的起源和早期演化很可能发生在较深水的、安静的、有氧的海洋环境中。

蓝田生物群是认识多细胞生物的起源和早期演化的重要窗口。

关于蓝田生物群的科学意义，我想这样诗意地描述它：

微小生命，幸运地，

度过了冰河时代。

此刻，它们已然长大，

在温暖、安静的海水中繁衍生息。

海藻和动物们，

和睦相处，生死相依。

也许，最古老的生命乐园，

就在这，阳光明媚的海里……

复原蓝田生物群

发现化石。

把化石平放到假想的当时的海底环境中。

复原单个化石。

总体复原。

恢复当时的生态环境。

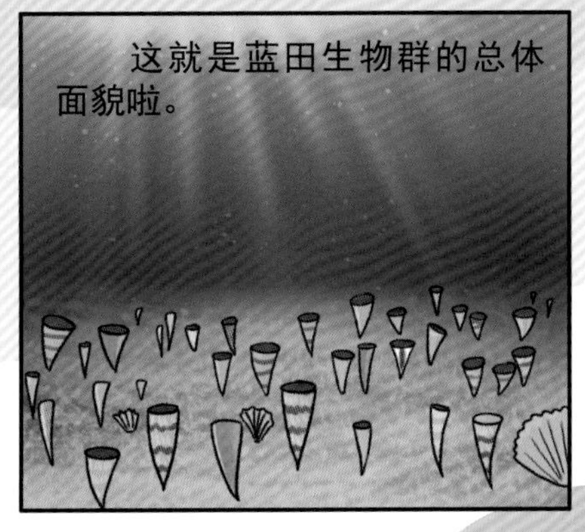
这就是蓝田生物群的总体面貌啦。